5岁开始的编程课

忙乱的开学日

[加拿大] 凯特琳·西乌　[巴西] 马塞洛·鲍道里　著

[英] 彼得·斯库尔丁　[英] 埃玛·德班克斯　绘

雍寅　译

中信出版集团 | 北京

图书在版编目（CIP）数据

忙乱的开学日 / (加) 凯特琳·西乌, (巴西) 马塞
洛·鲍道里著；(英) 彼得·斯库尔丁, (英) 埃玛·德
班克斯绘；雍寅译. -- 北京：中信出版社, 2022.7
（5岁开始的编程课）
ISBN 978-7-5217-4322-7

Ⅰ. ①忙… Ⅱ. ①凯… ②马… ③彼… ④埃… ⑤雍
… Ⅲ. ①程序设计—儿童读物 Ⅳ. ①TP311.1-49

中国版本图书馆CIP数据核字（2022）第068242号

First published in Great Britain in 2021 by Wayland
Copyright © Hodder and Stoughton, 2021 All rights reserved
Editors: Elise Short and Grace Glendinning
Cover design: Pete Scoulding
Inside design: Emma DeBanks
Simplified Chinese translation copyright © 2022 by CITIC Press Corporation
All rights reserved.

本书仅限中国大陆地区发行销售

忙乱的开学日
（5岁开始的编程课）

著　者：[加拿大] 凯特琳·西乌　[巴西] 马塞洛·鲍道里
绘　者：[英] 彼得·斯库尔丁　[英] 埃玛·德班克斯
译　者：雍寅
出版发行：中信出版集团股份有限公司
　　　　　（北京市朝阳区惠新东街甲4号富盛大厦2座　邮编　100029）
承 印 者：天津海顺印业包装有限公司

开　本：787mm×1092mm　1/16　　印　张：2　　字　数：30千字
版　次：2022年7月第1版　　　　印　次：2022年7月第1次印刷
京权图字：01-2021-6282
书　号：ISBN 978-7-5217-4322-7
定　价：99.00元（全6册）

出版发行　中信出版集团股份有限公司

服务热线：400-600-8099　网上订购：zxcbs.tmall.com
官方微博：weibo.com/citicpub　官方微信：中信出版集团
官方网站：www.press.citic

出　品　中信儿童书店
图书策划　红披风
策划编辑　陈瑜
责任编辑　房阳
营销编辑　易晓倩　张旖旎　李鑫檐　高铭霞
装帧设计　李晓红

什么是**序列**？

让我们一起找出答案！

是时候来一场开学日大冒险了！
让我们同机器人朋友阿布和贝贝一起，一边玩耍，
一边学习非常有趣的编程知识。
来吧，超级程序员！

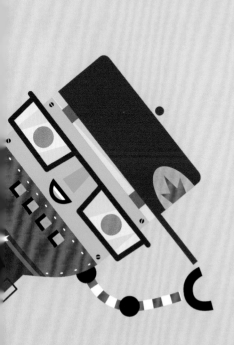

阿布和贝贝都是拥有惊人本领的机器人。
阿布喜欢用砖头和螺栓盖房子。他甚至能盖出比大楼还要高的塔！

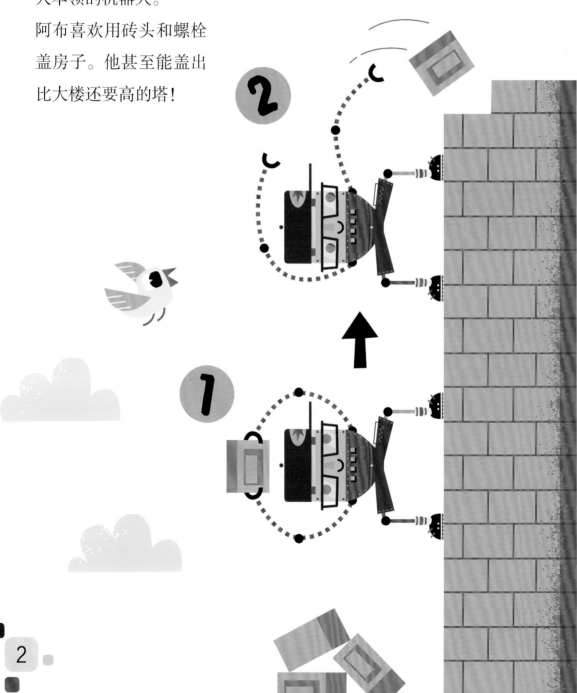

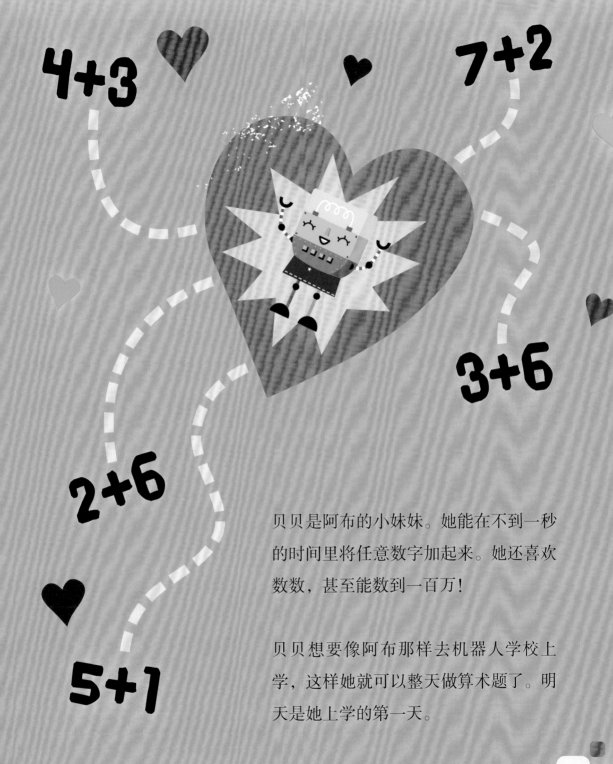

4+3

7+2

3+6

2+6

5+1

贝贝是阿布的小妹妹。她能在不到一秒的时间里将任意数字加起来。她还喜欢数数，甚至能数到一百万！

贝贝想要像阿布那样去机器人学校上学，这样她就可以整天做算术题了。明天是她上学的第一天。

开学日总算来了！

想到能结识新朋友，学习有趣的新本领，贝贝都等不及了。

她肯定会过得非常开心！

贝贝真希望她的老师也喜欢数数，就像她一样。

贝贝穿着睡衣走进厨房，大声
喊道：

我准备好去上学了！

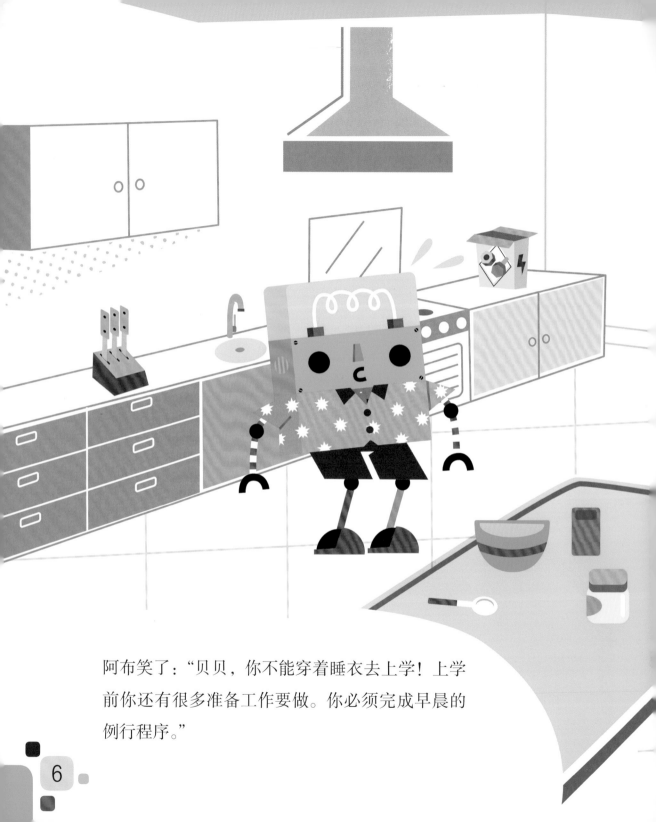

阿布笑了："贝贝，你不能穿着睡衣去上学！上学前你还有很多准备工作要做。你必须完成早晨的例行程序。"

阿布知道，上学前的准备
工作包含很多步骤。

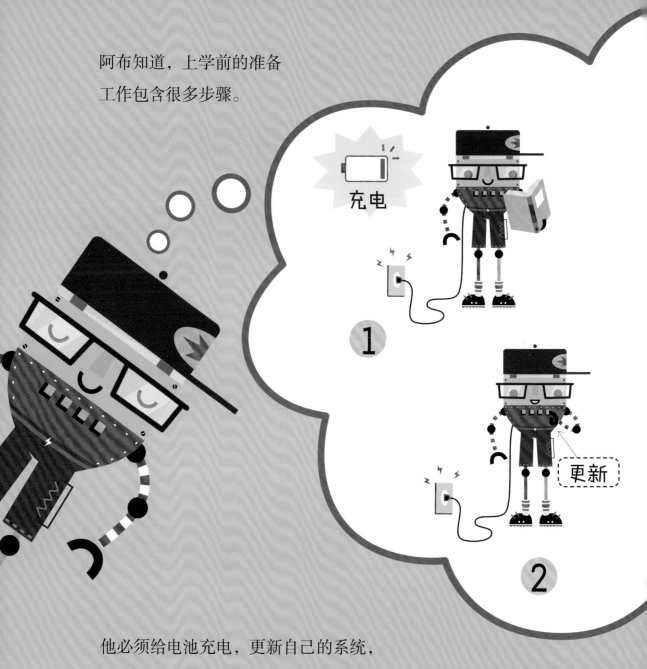

充电

1

更新

2

他必须给电池充电，更新自己的系统，
吃早餐，背上书包，然后出门乘坐校车。

仅仅记住这些步骤是不够的，
按照正确的顺序完成它们也很重要！
事实上，完成每一步的顺序，也就是序列——
和记住步骤本身一样关键。

排序就是按照顺序排列步骤，
它也是一个非常有用的编程术语。

按照正确的顺序做事情是很重要的，
否则就会闹出一些笑话来！

比如，把袜子穿在了
鞋子上！

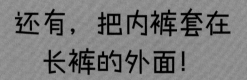

还有，把内裤套在
长裤的外面！

再比如，刷完牙之后，
在牙刷上挤牙膏！

我们需要按照正确的步骤，

正确地完成任务。

阿布为贝贝列出了一张步骤清单，
来帮助她做准备。

接着，他按照顺序仔细地排列步骤。
这就是排序！

更新

机器人的例行程序和人类有所不同，
因为他们是超级设备。

校车

他们只有按照顺序完成重要的步骤，
才能保持体内计算机稳定运行。
之后，他们就可以在学校里畅游了！

贝贝开始做准备。她接上电源给电池充电，

更新了自己的系统……按照正确的顺序完成每一个步骤。

她还给已经完成的步骤画上了√。

贝贝早晨的例行程序已经完成一半了！

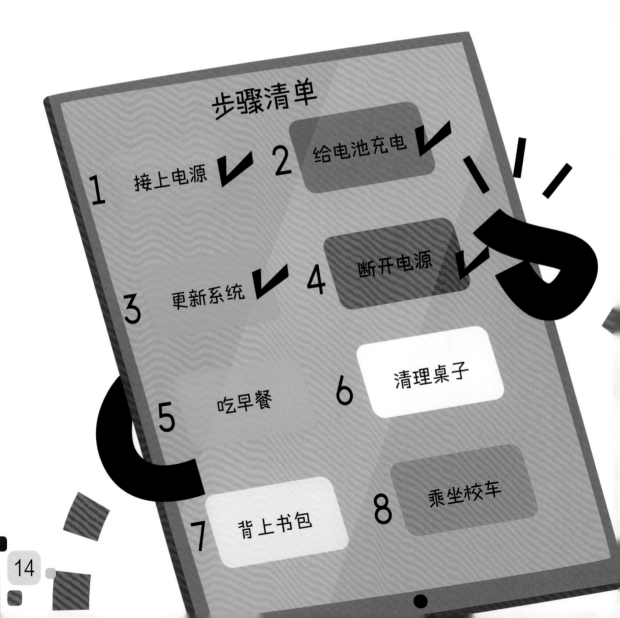

接着，她背上书包，准备坐在餐桌旁吃饭。

咣当！

贝贝从椅子上摔了下来！

她的书包太大，把她从椅子上挤了下来。

"你不能先背上书包再吃饭！"阿布提醒她。

哎呀，糟糕！贝贝忘记了，

必须按照正确的顺序做准备。

在编程的时候，如果序列中出现了错误，

就好像出现了"虫子"。

这可不是在地上
乱爬的虫子！

"虫子"是我们需要解决的问题。

贝贝可以通过"捉虫"来解决她的问题。

她放下书包，这样就能坐下吃饭了。

现在，贝贝可以吃早餐了！

机器人不吃麦片，

他们的健康早餐有螺母、螺栓和润滑油。

帮贝贝排出做早餐的正确顺序吧。

贝贝，吃完早餐不要忘记清理干净桌子哟！

还差一点儿，贝贝就要做好上学的准备工作了！
乘坐校车是出门上学这一序列中的最后一步。

贝贝坐在最前排，这样她就可以第一个到达学校了。

她还想要数一数校车上一共有多少个座位。

棒极了！贝贝总算来到学校了！
她按照正确的顺序完成了早晨的例行程序，
为开学日做好了准备。

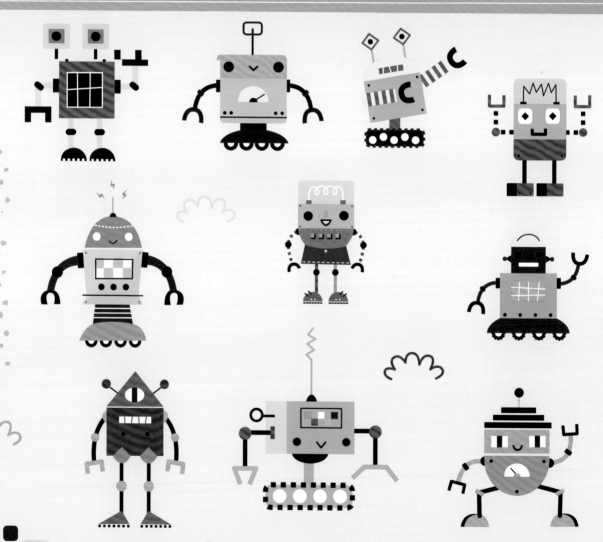

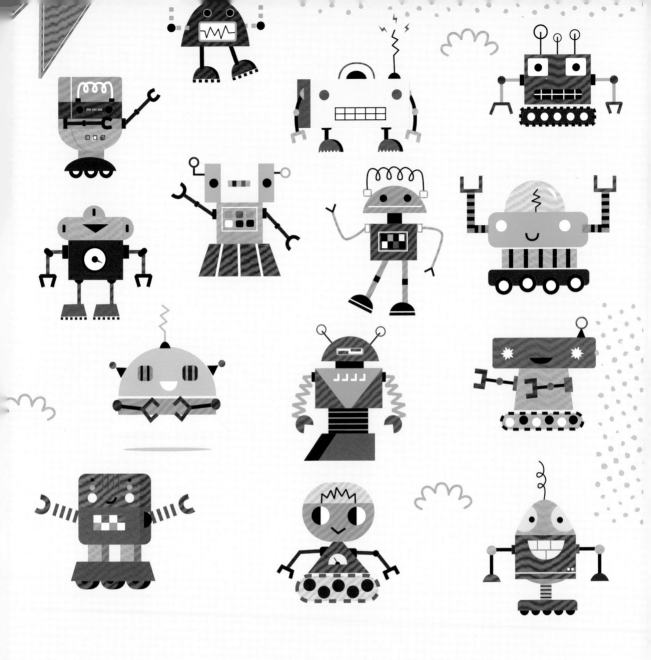

贝贝数了数班上所有的机器人——除了她还有 23 个！她等
不及要和大家成为朋友了。

一旦排出各个步骤的正确顺序，
做好上学的准备就变得十分容易了。
记住：序列就是完成任务所需步骤的顺序。

好了，贝贝，
明天你应该在什么
时候背上书包呢？

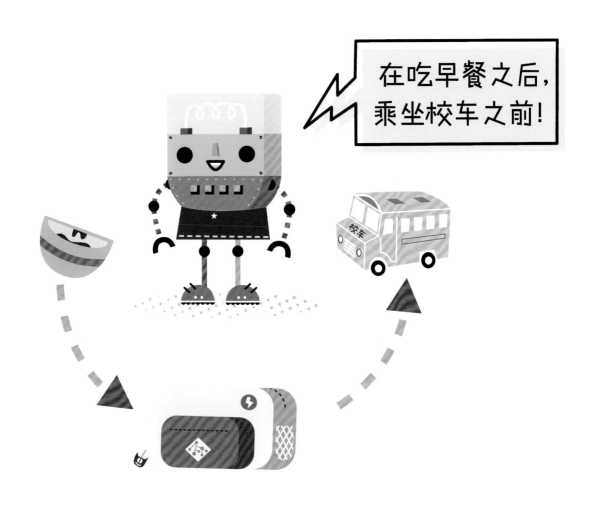

在吃早餐之后，
乘坐校车之前！

有时，我们可能会搞错序列，不过这不要紧！
我们可以不断地为序列"捉虫"，来得到正确的结果。

你还能想到哪些我们每天都会用到的序列呢?

轮到你大显身手了！

每天早晨你都会做哪些例行程序呢？

请将这些步骤画在纸上。

你还可以制作一张简单的图表贴在家里。

词汇表

虫子：程序指令中的问题或错误。

例行程序：一系列按照相同顺序定期完成的任务。

任务：需要完成的工作。

软件：计算机每天运行时所用到的程序和信息。

指令：指导我们该做什么的信息。

捉虫：发现并解决程序指令中的问题，即排错或调试。

写给家长和老师

编程的基本概念是儿童学习的重要一环。这些概念不仅是计算机科学的基础，也是其他重要技能（如解决问题的能力等）的基础。

序列，即完成步骤的顺序，是确保任务正确完成的关键。我们每天都会用到序列，例如，在穿衣服、刷牙和做晚餐的时候。排序就是按照顺序排列步骤。

我们用"算法"来描述完成某项任务的一组指令。序列指的就是算法中指令的顺序。没有正确的顺序，算法就不能正常工作！

在本书中，小读者可以通过确定早晨例行程序的正确顺序，来学习序列的知识。我们以为上学做准备为例，解释了这一编程概念。

生活中还有哪些地方会用到序列呢？早上洗脸的步骤是怎样的？

5岁开始的编程课

图书馆奇遇

[加拿大]凯特琳·西乌 [巴西]马塞洛·鲍道里 著

[英]彼得·斯库尔丁 [英]埃玛·德班克斯 绘

雍寅 译

中信出版集团|北京

图书在版编目（CIP）数据

图书馆奇遇 / (加) 凯特琳·西乌, (巴西) 马塞洛
·鲍道里著 ; (英) 彼得·斯库尔丁, (英) 埃玛·德班
克斯绘 ; 雍寅译. -- 北京 : 中信出版社, 2022.7
（5岁开始的编程课）
ISBN 978-7-5217-4322-7

Ⅰ.①图… Ⅱ.①凯…②马…③彼…④埃…⑤雍
… Ⅲ.①程序设计—儿童读物 Ⅳ.①TP311.1-49

中国版本图书馆CIP数据核字（2022）第068261号

图书馆奇遇
（5岁开始的编程课）

著　者：［加拿大］凯特琳·西乌　［巴西］马塞洛·鲍道里
绘　者：［英］彼得·斯库尔丁　［英］埃玛·德班克斯
译　者：雍寅
出版发行：中信出版集团股份有限公司
　　　　　（北京市朝阳区惠新东街甲4号富盛大厦2座　邮编　100029）
承 印 者：天津海顺印业包装有限公司

开　本：787mm×1092mm　1/16　　印　张：2　　字　数：30千字
版　次：2022年7月第1版　　印　次：2022年7月第1次印刷
京权图字：01-2021-6282
书　号：ISBN 978-7-5217-4322-7
定　价：99.00元（全6册）

出版发行　中信出版集团股份有限公司

服务热线：400-600-8099　网上订购：zxcbs.tmall.com
官方微博：weibo.com/citicpub 官方微信：中信出版集团
官方网站：www.press.citic

出　品　中信儿童书店
图书策划　红披风
策划编辑　陈瑜
责任编辑　房阳
营销编辑　易晓倩　张旖旎　李鑫橦　高铭霞
装帧设计　李晓红

什么是**变量**？

让我们一起找出答案！

图书馆正在举办故事沙龙，超级阅读机器人聪聪要自己动手写书，邀请你一起加入。我们将一边玩耍，一边学习非常有趣的编程知识。来吧，超级程序员！

聪聪是一个超级机器人，他非常喜欢阅读。
他拥有惊人的机器人大脑，读起书来特别快。
有一天，他居然用一小时读完了一百本书！

聪聪最喜欢去的地方就是图书馆，
每周都去。

今天又是聪聪去图书馆的日子。
他急切地想要找新书来读。

到了图书馆，
聪聪简直不敢相信自己的运气！
图书管理员告诉他，
这里正在举办一个故事沙龙，
来教大家如何写书。

今日故事沙龙：
自己动手
来写书！

聪聪听了非常心动。
主持故事沙龙的老师泰普说，
聪聪通过一款特殊的计算机编程游戏就可以学写
书名是《关于我自己》的书了。

计算机可以帮助我们
进行简单的写作！

关于我自己

泰普向聪聪展示这款计算机
编程游戏是如何帮人学习写书的。

你好，我叫 X，
今年 Y 岁。
我喜欢整天玩 Z。

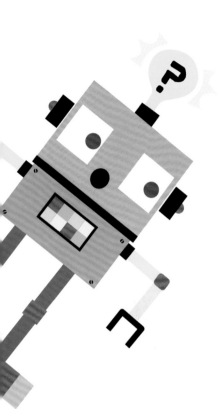

太奇怪了！
X、Y、Z 是什么？

你好，我叫 X，
今年 Y 岁。
我喜欢整天玩 Z。

X、Y、Z 这三个
简单有趣的字母
叫变量！

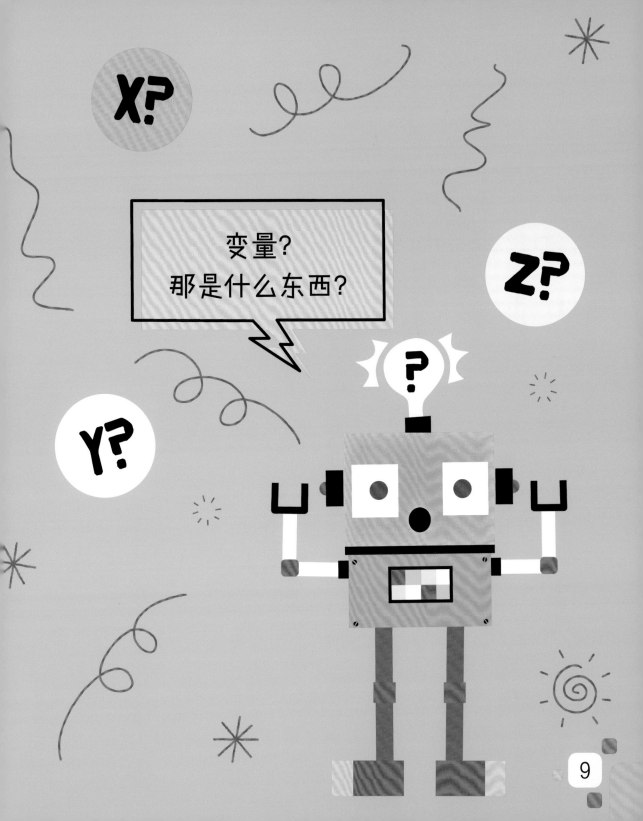

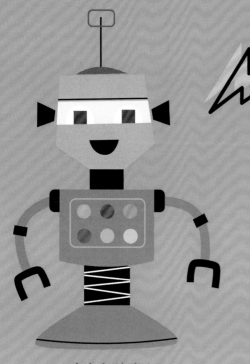

变量相当于一个保存信息的盒子。

这是一种将信息存放在一起的方式。
变量可以存放各种各样的东西，
比如数字、字母、文字——我们想要的都行！

变量

变量

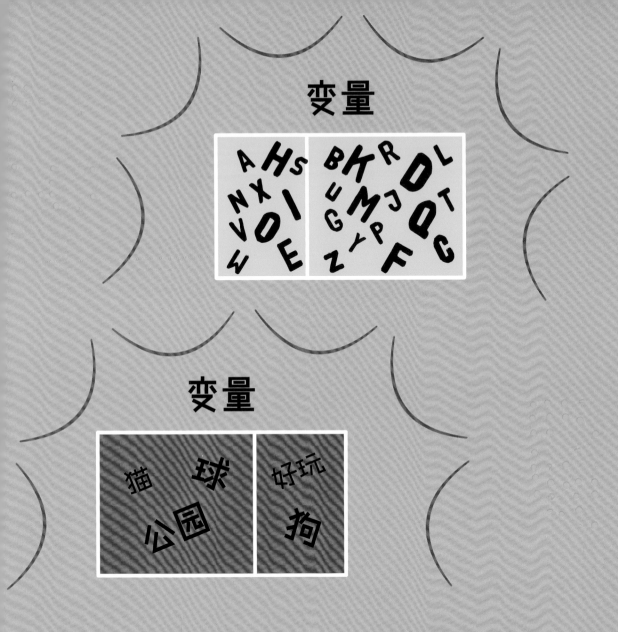

变量

对于计算机来说，变量非常有用。
这些"小盒子"让程序不但能够快速获取大量信息，
还可以立即做出更改。

变量中存放的信息就叫作值。

聪聪，现在由你来编写程序。你只要告诉计算机，在你的书中变量应该取什么值就可以了！例如：

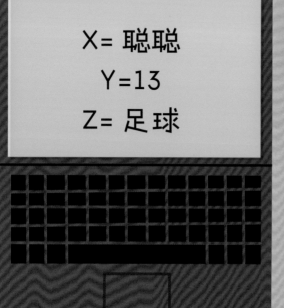

X= 聪聪
Y=13
Z= 足球

计算机用这些值替换了变量，
于是书上的内容就会变成下面这样：

你好，我叫聪聪，

今年 13 岁。

我喜欢整天玩足球。

聪聪继续操作编程游戏，他翻到下一页。

上面写着：

X 已经等不及
大型 Z 锦标赛了。
他只需要再等 P 天！

聪聪为这些新的变量赋值并且写好了程序：

X= 聪聪
Z=7
P= 足球

于是他的书就变成：

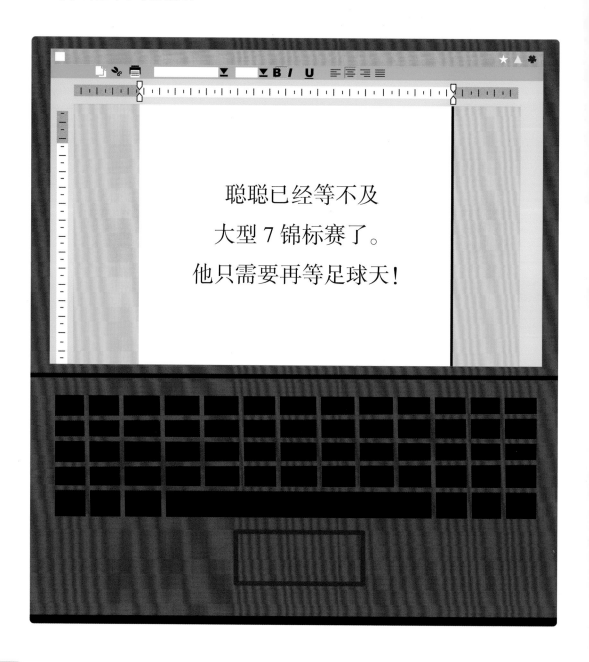

聪聪已经等不及

大型 7 锦标赛了。

他只需要再等足球天！

哎呀，不好！程序里有"虫子"！

不，它可不是真正的虫子！
这是计算机出现的错误。
聪聪，你必须修复它。
赶紧把程序里的虫子捉出来！

聪聪很快发现，他把变量 Z 和 P 的值搞混了。
不用担心！聪聪只要把正确的值重新告诉计算机
就可以了。

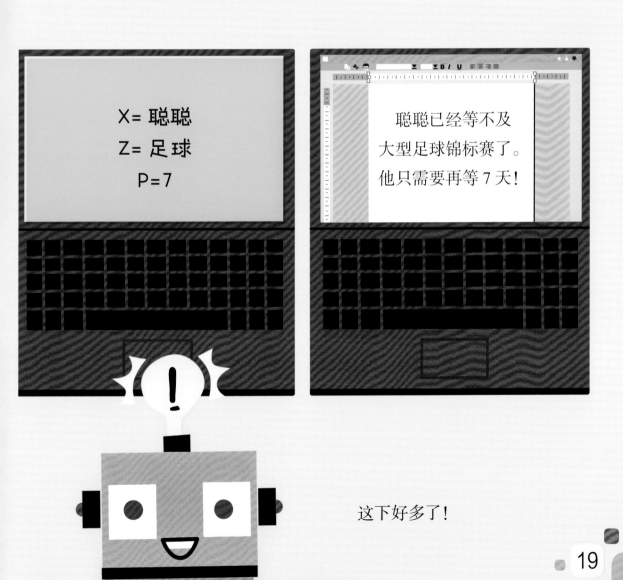

X= 聪聪
Z= 足球
P=7

聪聪已经等不及
大型足球锦标赛了。
他只需要再等 7 天！

这下好多了！

聪聪的朋友卡卡也来到图书馆。

卡卡很喜欢聪聪的故事！

我也想成为书中的人物！

聪聪已经学会如何快速更改书中的内容。
他将程序中变量 X 的值修改了一下。
书上的文字瞬间就改好了，
"聪聪"全部都变成了"卡卡"！

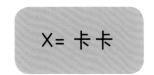

X= 卡卡

你好，我叫卡卡，
今年 13 岁。
我喜欢整天玩足球。

卡卡已经等不及
大型足球锦标赛了。
他只需要再等 7 天！

哇！有了变量，
更换文字简直太方便了。

书写好了!
图书管理员让聪聪把书打印出来,
一份送给卡卡,一份留给他自己。

聪聪和卡卡为各自的书配上相应的插图。

聪聪自豪地向朋友们展示自己的新书。

现在轮到你大显身手了！写一写你自己的故事吧。
给你故事中的变量赋值，然后将它大声朗读出来。

去年，我去 X 做了一次 Y 的旅行。

见到 Z 和 B 真是太有趣了。

X 是和 P 一起游览的好地方。

旅行中我最喜欢的就是 U。

再补充一个有趣的小知识！

你知道吗，程序员可以随心所欲地给代码中的变量起名字。

如果你不喜欢 X、Y、Z，

那么也可以把它们换成简单明了的词，比如：

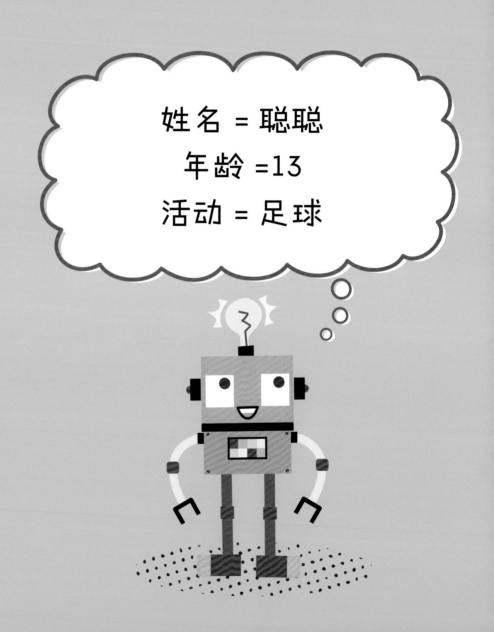

姓名 = 聪聪

年龄 =13

活动 = 足球

当然，你也可以给变量
起一些有意思的名字！

比如，
眼镜香蕉、摇滚猴子、跳舞龙，
甚至可以是开心河马。

你还能想出其他有趣的变量名字吗？
发挥你的创造力，编程就会充满乐趣！

词汇表

变量：计算机编程中用来存储值的特殊容器。

虫子：程序指令中的问题或错误。

计算机编程：编写控制计算机的程序指令。

替换：用新的或者别的东西来代替。

值：一种信息，可以是字母、数字或者文字等。

指令：指导我们该做什么的信息。

捉虫：发现并解决程序指令中的问题，即排错或调试。

写给家长和老师

编程的基本概念是儿童学习的重要一环。这些概念不仅是计算机科学的基础，也是其他重要技能（如解决问题的能力等）的基础。

程序中的变量就相当于一个存储信息的容器。变量能够帮助计算机存储大量信息，并且在程序运行时快速访问它们。

在本书中，小读者可以学习的是如何使用变量。我们以写一本简单的书为例，教大家如何给变量赋值，解释了这一编程概念。

还有哪些地方会用到变量呢？快来设计属于你的故事吧！

5岁开始的
编程课

建造神奇树屋

[加拿大] 凯特琳·西乌　　[巴西] 马塞洛·鲍道里　著
[英] 彼得·斯库尔丁　　[英] 埃玛·德班克斯　绘
雍寅　译

中信出版集团 | 北京

图书在版编目（CIP）数据

建造神奇树屋 /（加）凯特琳·西乌,（巴西）马塞洛·鲍道里著;（英）彼得·斯库尔丁,（英）埃玛·德班克斯绘;雍寅译. -- 北京:中信出版社, 2022.7
（5岁开始的编程课）
ISBN 978-7-5217-4322-7

Ⅰ. ①建… Ⅱ. ①凯… ②马… ③彼… ④埃… ⑤雍… Ⅲ. ①程序设计—儿童读物 Ⅳ. ①TP311.1-49

中国版本图书馆CIP数据核字（2022）第068245号

建造神奇树屋
（5岁开始的编程课）

著　　者：[加拿大] 凯特琳·西乌　[巴西] 马塞洛·鲍道里
绘　　者：[英] 彼得·斯库尔丁　[英] 埃玛·德班克斯
译　　者：雍寅
出版发行：中信出版集团股份有限公司
　　　　　（北京市朝阳区惠新东街甲4号富盛大厦2座　邮编　100029）
承 印 者：天津海顺印业包装有限公司

开　　本：787mm×1092mm　1/16　印　张：2　字　数：30千字
版　　次：2022年7月第1版　印　次：2022年7月第1次印刷
京权图字：01-2021-6282
书　　号：ISBN 978-7-5217-4322-7
定　　价：99.00元（全6册）

出版发行　中信出版集团股份有限公司
服务热线：400-600-8099　网上订购：zxcbs.tmall.com
官方微博：weibo.com/citicpub 官方微信：中信出版集团
官方网站：www.press.citic

出　品　中信儿童书店
图书策划　红披风
策划编辑　陈瑜
责任编辑　房阳
营销编辑　易晓倩　张旖旎　李鑫橦　高铭霞
装帧设计　李晓红

什么是循环？

让我们一起找出答案！

快来与壮壮和他的朋友们一起建造有史以来最神奇的树屋，
从中能学到非常有趣的编程知识哟。
来吧，超级程序员！

阿布

飞飞

壮壮

壮壮是一名出色的建筑机器人。

他喜欢和朋友们一起设计和建造房子。

壮壮计划建造一个神奇的树屋。
它可不是一个普通的树屋。

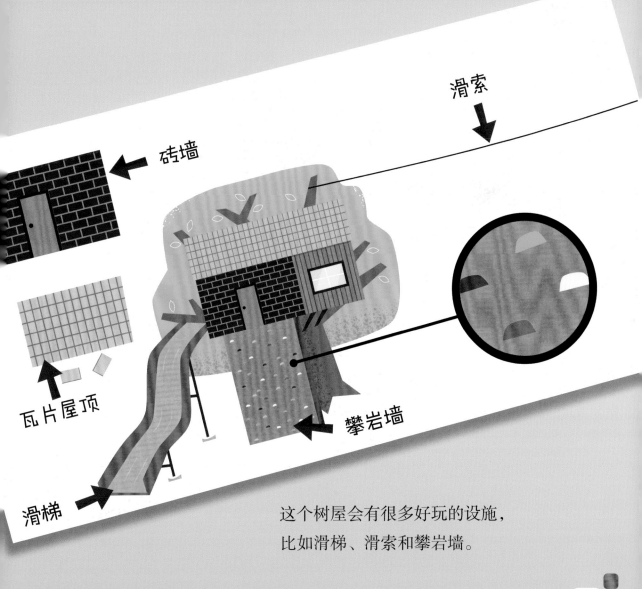

滑索

砖墙

瓦片屋顶

滑梯

攀岩墙

这个树屋会有很多好玩的设施，
比如滑梯、滑索和攀岩墙。

壮壮急切地想要大干一番。
他打电话给机器人朋友飞飞和阿布，
让他们一起帮忙建造树屋。

飞飞和阿布也很喜欢盖房子。
阿布更是等不及想要成为第一个玩滑索的人！

壮壮给每个机器人分配了任务。
阿布负责砌墙，飞飞负责给屋顶铺瓦片。

壮壮先教阿布如何砌墙。

第一步： 涂抹水泥砂浆。

第二步： 将砖块平放在水泥砂浆上，

并轻轻敲打至合适的位置。

第三步： 用水平仪检查砖块是否放平。

砂浆

水平仪

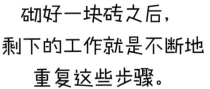

砌好一块砖之后，
剩下的工作就是不断地
重复这些步骤。

壮壮为阿布建立了一个循环。
我们不妨把这个循环叫作"砌墙循环"。

循环?
那是什么东西?

在计算机编程中,
循环指的是不断重复一定的步骤,直到任务完成。
我们还可以给出明确的条件,规定循环在什么时候终止。

壮壮可以要求阿布砌一面十层砖高的墙，或者是和壮壮一样高的墙。

只要满足壮壮提出的条件，砌墙循环就结束。

这就是条件循环。

那么，什么时候
我才能停下来呢？

壮壮让阿布重复执行砌砖循环，
直到阿布砌出十块砖长、十层砖高的墙。

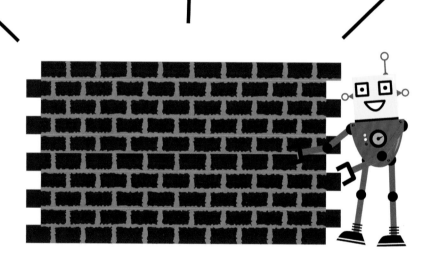

循环能够帮助我们快速给出指令，
这样一来，我们就不必写出砌每一块砖的步骤了，
只需要告诉机器人（或者计算机）重复执行这一步骤，
直到任务完成。

我们每天都会用到循环！

比如，吃午饭的时候，我们用叉子从盘子中取出食物放进嘴里，

这样反复多次直到把食物吃完。

这就是一个循环！

接着，壮壮开始帮飞飞铺屋顶瓦片。
他教飞飞用锤子和钉子将瓦片固定在屋顶上。

壮壮让飞飞把瓦片一个接一个固定好，
直到整个屋顶都铺满瓦片。
壮壮又建立了一个循环！这次是"铺瓦片循环"。
飞飞要不断重复这个循环直到将瓦片铺满屋顶为止。

现在，阿布和飞飞正在各自的循环中忙碌着。

循环还允许同时执行多条指令。

通过循环，他们可以更快地建造树屋！

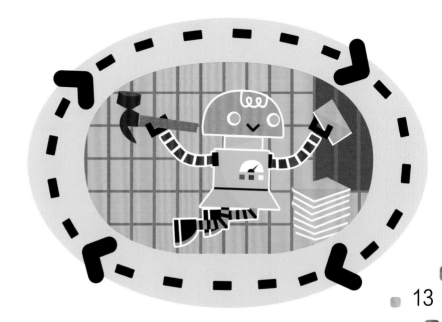

哎呀，糟了！在阿布砌好墙之后，
壮壮才发现忘记告诉他要在墙上留出门的位置。
在编程中，我们把这样的错误叫作"虫子"。

不，它可不是
真正的虫子！

虫子是指令中需要解决的问题。

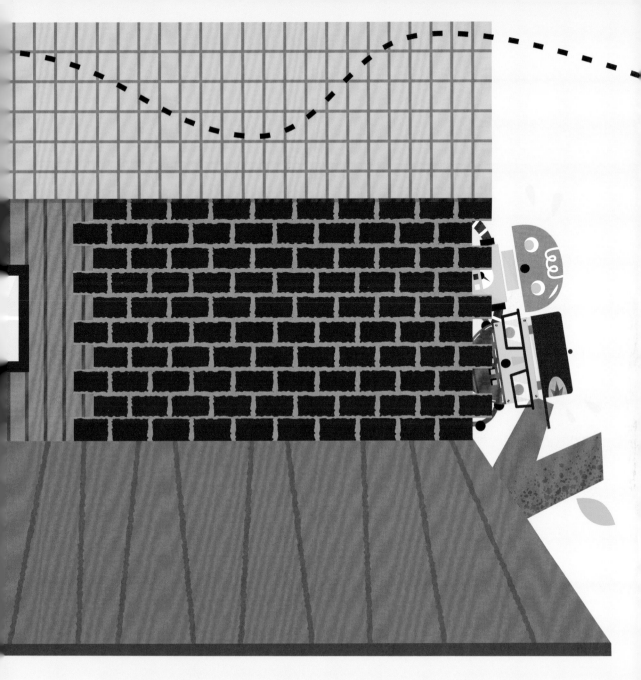

壮壮需要建立一个新的循环来帮阿布在墙上留出门的位置。
你能帮帮他吗?

壮壮有办法了！

他可以捉出循环中的"虫子"，纠正这个错误。

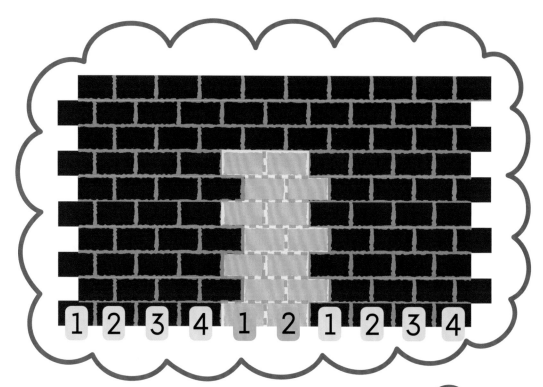

壮壮告诉阿布，

先砌四块砖，

然后空出两块砖的位置，再砌四块砖。

按照这个新循环砌好七层砖之后，

阿布就可以返回之前的循环，

砌完最后三层砖！

然后再把第二、四、六层突出来的半块砖

敲下来补到对应的缺口位置。

阿布拆掉已经砌好的墙，
然后按照新的循环重新做了一遍。
捉过虫的循环为门留出了充足的空间！

眼看树屋就要完工了！

终于到了最后的收尾阶段。
阿布、飞飞和壮壮为树屋添置了滑梯、滑索和攀岩墙。

他们都很开心，想赶紧和朋友们分享这片新天地。

太棒了！树屋终于建成了。

机器人们可以循环往复地在树屋中玩耍了。
这份快乐将无限次地循环下去！

建造树屋不是一项简单的任务。
严格按照指令去执行非常重要。

为了让指令更容易理解，机器人和
计算机都会利用循环来表示需要重
复的步骤。

循环有助于加快计算机和机器人的
工作速度，让他们不必每次完成一
个步骤之后等待新的指令。

钉钉子循环

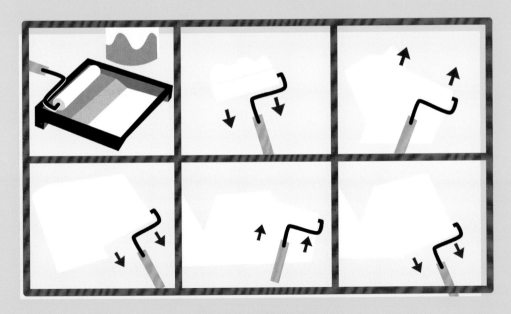

刷油漆循环

23

三个机器人小伙伴又想到一个好主意：
在树屋旁边建一座攀爬架。

你能帮飞飞利用循环来建一座攀爬架吗？

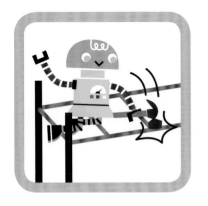

飞飞给攀爬架顶部安装横杆时应该使用什么样的循环呢?

轮到你大显身手了！
请试着创建几个简单的循环，
用冰棍棒搭一座小塔。

想一想，每个循环结束的条件分别是什么？
小塔完工的条件又是什么呢？

这里我们给出搭一座 3 层小塔的循环示例。

1 用冰棍棒搭出牢固的方形框架，
一共搭 12 个。

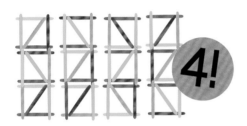

2 将这些框架 3 个一组连接起来，
构成塔的"外墙"。

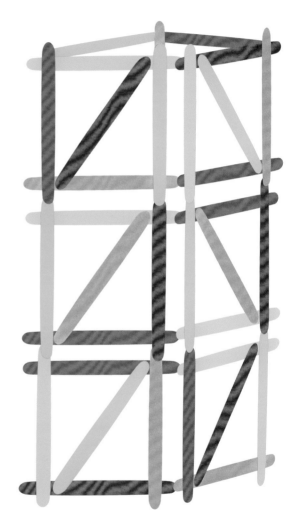

3 将 4 面"外墙"的边依次连接起来，
一座小塔就完成了！

词汇表

虫子：程序指令中的问题或错误。

砂浆：用来将砖块粘在一起的物质。

水平仪：一种工具，通过观察漂在液体中气泡的位置来判断物体是否水平。

条件：在其他事情发生之前必须发生的事。

循环：在达成某个条件之前需要不断重复执行某些指令的组合。

指令：指导我们该做什么的信息。

捉虫：发现并解决程序指令中的问题，即排错或调试。

写给家长和老师

　　编程的基本概念是儿童学习的重要一环。这些概念不仅是计算机科学的基础，也是其他重要技能（如解决问题的能力等）的基础。

　　循环是一组不断重复执行的指令，直到满足特定条件才会停止。循环能够提高计算机的工作效率，有助于快速完成任务。

　　在本书中，小读者可以学习循环的相关知识。我们以建造树屋为例，解释了这一编程概念。

想一想！

还有哪些地方会用到循环呢？快来用它将我们的生活变得更简单吧！

5岁开始的
编程课

寻找水花公园

［加拿大］凯特琳·西乌　　［巴西］马塞洛·鲍道里　著
［英］彼得·斯库尔丁　［英］埃玛·德班克斯　绘
雍寅　译

中信出版集团｜北京

图书在版编目（CIP）数据

寻找水花公园 / (加)凯特琳·西乌, (巴西) 马塞
洛·鲍道里著; (英)彼得·斯库尔丁, (英)埃玛·德
班克斯绘; 雍寅译. -- 北京: 中信出版社, 2022.7
（5岁开始的编程课）
ISBN 978-7-5217-4322-7

Ⅰ. ①寻… Ⅱ. ①凯… ②马… ③彼… ④埃… ⑤雍
… Ⅲ. ①程序设计—儿童读物 Ⅳ. ①TP311.1-49

中国版本图书馆CIP数据核字（2022）第068243号

寻找水花公园
（5岁开始的编程课）

著　者：[加拿大]凯特琳·西乌　[巴西]马塞洛·鲍道里
绘　者：[英]彼得·斯库尔丁　[英]埃玛·德班克斯
译　者：雍寅
出版发行：中信出版集团股份有限公司
　　　　　（北京市朝阳区惠新东街甲 4 号富盛大厦 2 座　邮编　100029）
承 印 者：天津海顺印业包装有限公司

开　本：787mm×1092mm　1/16　　印　张：2　　字　数：30 千字
版　次：2022 年 7 月第 1 版　　　　印　次：2022 年 7 月第 1 次印刷
京权图字：01-2021-6282
书　号：ISBN 978-7-5217-4322-7
定　价：99.00 元（全 6 册）

出　品　中信儿童书店
图书策划　红披风
策划编辑　陈瑜
责任编辑　房阳
营销编辑　易晓倩　张旖旎　李鑫橦　高铭霞
装帧设计　李晓红

出版发行　中信出版集团股份有限公司

服务热线：400-600-8099　网上订购：zxcbs.tmall.com
官方微博：weibo.com/citicpub　官方微信：中信出版集团
官方网站：www.press.citic

什么是**算法**?

让我们一起找出答案!

是时候和两个了不起的机器人朋友：飞飞和博尔特一起，

继续水花公园的冒险了。

让我们一边玩耍，一边学习有趣的编程知识。

来吧，超级程序员!

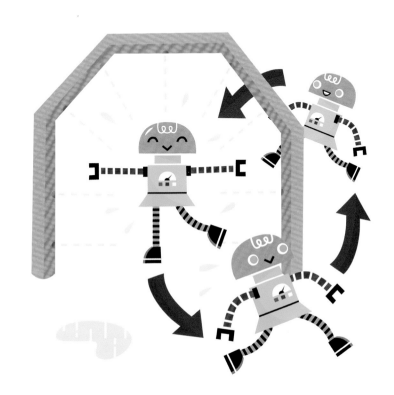

飞飞和博尔特都是超级机器人。

他们有超能力，

不但跑得快、跳得高，还能旋转得飞快！

飞飞和博尔特喜欢在公园里玩。

飞飞能在一分钟里上下滑梯 20 次！

博尔特能把秋千荡得高高的，直到自己头冲地脚朝天！（太危险啦！）

对于机器人朋友来说，公园是个充满乐趣的地方。

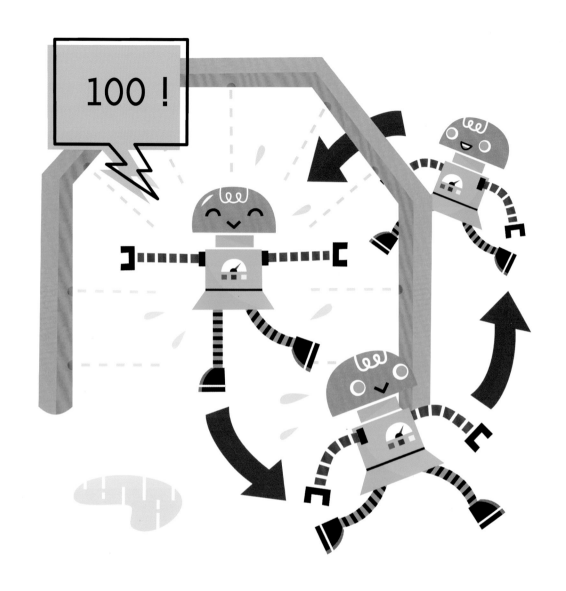

在炎热的夏天，飞飞喜欢在水花公园里玩。
她等不及要在两分钟内跑过洒水器 100 次。

飞飞想邀请博尔特和她一起到水花公园玩。
于是她打电话给博尔特。

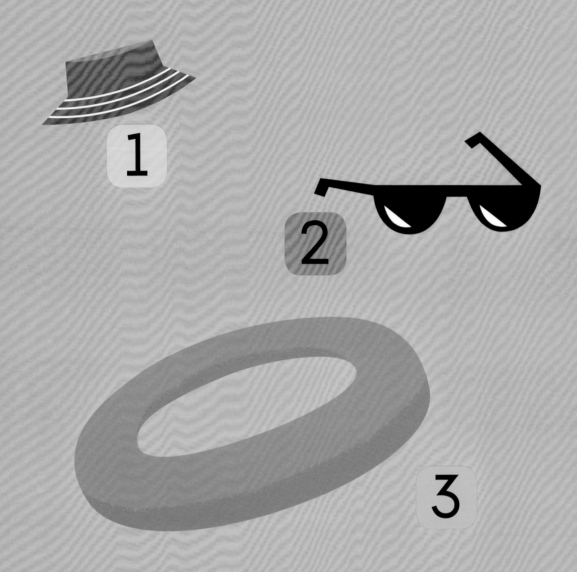

1

2

3

博尔特也非常想去水花公园！

他头顶太阳帽，戴好墨镜，套上游泳圈——

穿戴整齐，准备出发了。

但是，先别忙！博尔特还不知道去水花公园的路线呢。

他需要朋友飞飞告诉他路线。

博尔特需要一套算法来找到前往水花公园的路。

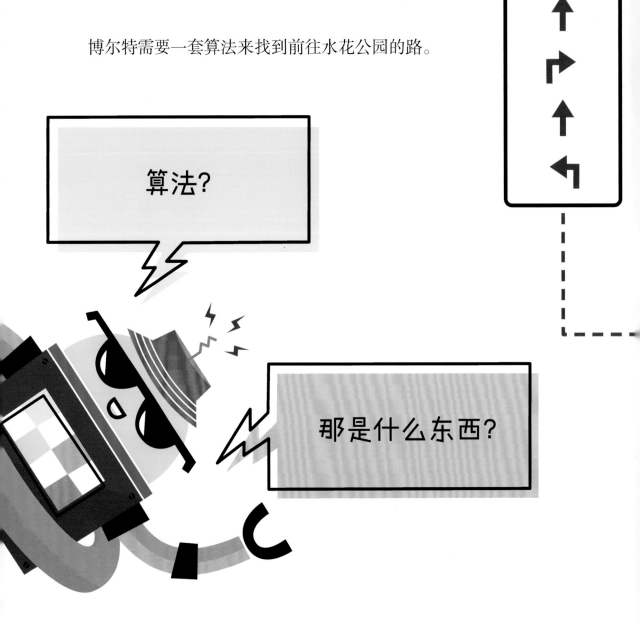

算法？

那是什么东西？

算法就是一系列帮助我们完成任务的指令。

算法将问题分解成一个个步骤，
以便我们更好地解决它。

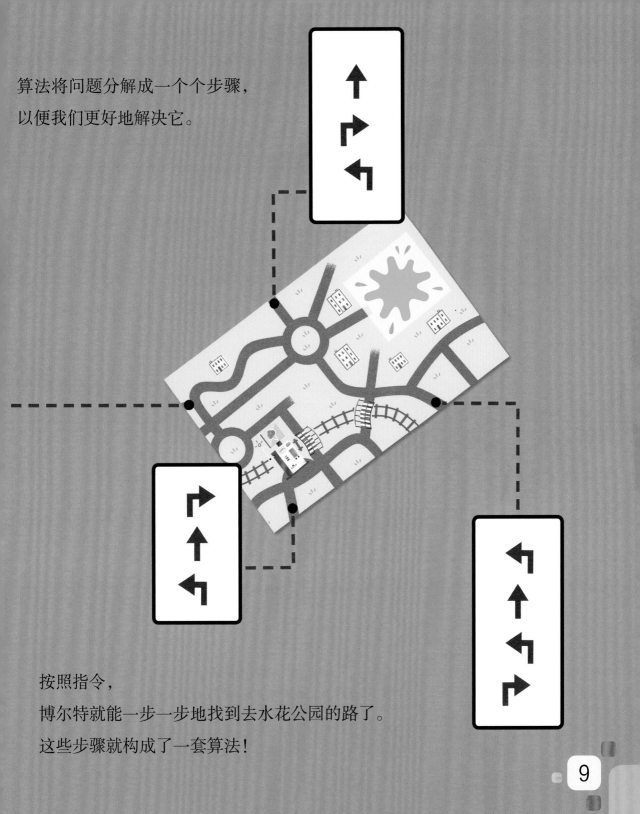

按照指令，
博尔特就能一步一步地找到去水花公园的路了。
这些步骤就构成了一套算法！

算法就是解决问题的一套方案，学起来十分简单。

飞飞和博尔特天天都会用到算法，其实你也一样！

刷牙的时候，就用"刷牙算法"。

假设你要向机器人朋友说明自己每天如何刷牙，

就需要将"刷牙"分解成一个个步骤。

3

4

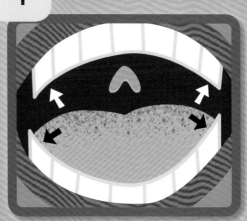

5

6

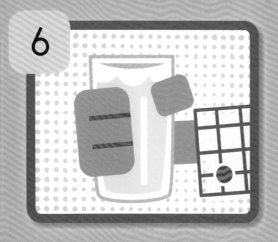

你不妨现在就试试看，大声说出来你到底是怎样刷牙的。
不要遗漏任何步骤哟！

飞飞给博尔特发来一套算法，
指引他前往水花公园。

第一步：
走出家门。

第二步：
朝邮筒方向直走。

第三步：
在邮筒处向右转。

第四步：
朝停车标志
直走。

第五步：
在停车标志处
向左转。

第六步：
朝花坛直走。

第七步：
在花坛处向右转。

第八步：
穿过一座飞越
铁轨的大桥。

水花
公园
→

第九步：
跟着指示牌到
达水花公园！

棒极了！

有了这些指示，博尔特肯定能顺利到达水花公园。

博尔特根据指示朝水花公园出发了。

他迫不及待地想去那里滑滑梯！

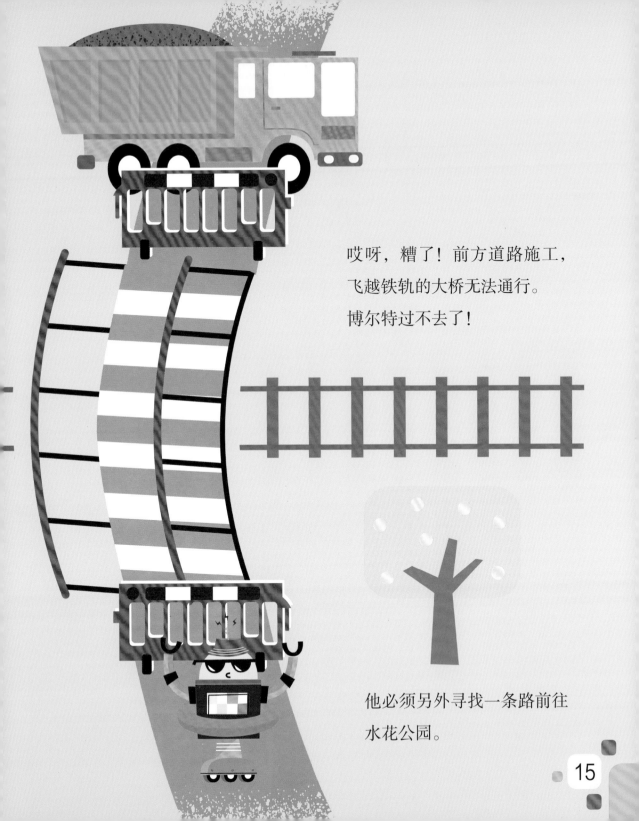

哎呀，糟了！前方道路施工，
飞越铁轨的大桥无法通行。
博尔特过不去了！

他必须另外寻找一条路前往
水花公园。

博尔特发现了飞飞算法中的一个错误（bug）。

他无法按照飞飞的步骤继续走下去，因为路被挡住了。算法中的错误就像"虫子"（bug）。

是真的虫子吗?

但它们不是真正的虫子!

bug 是指令中需要被修复的问题。修复问题的过程就像"捉虫"，我们称之为排错或调试（debug）。

我们可以捉出飞飞算法中的"虫子"，
帮助博尔特前往水花公园。

让我们找找看周围有没有别的路。

你认为博尔特应该走哪条路呢?

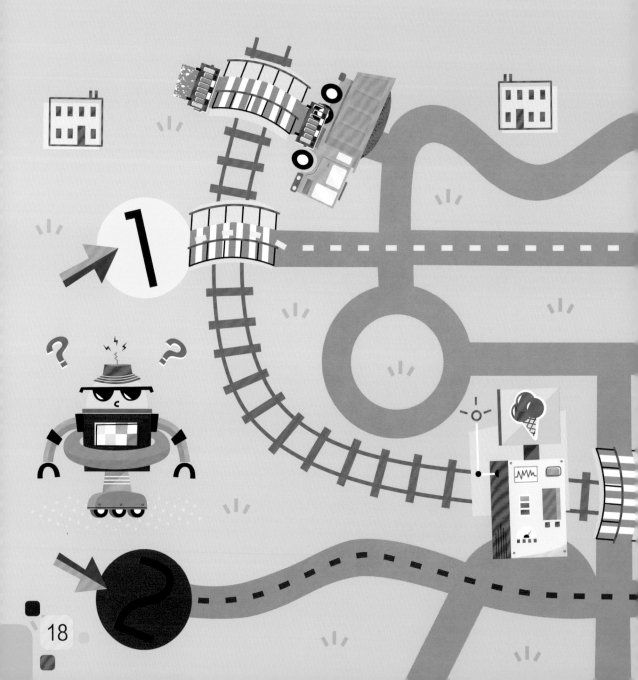

选择路线 1 还是路线 2？

水花
公园

在制定算法的时候，我们既可以选择最短的路线，
也可以选择较长的路线，但可以顺道去冷饮店逛逛。
真开心啊！

我们可以把算法设为任意一条路线，
沿着自己喜欢的路线到达目的地。

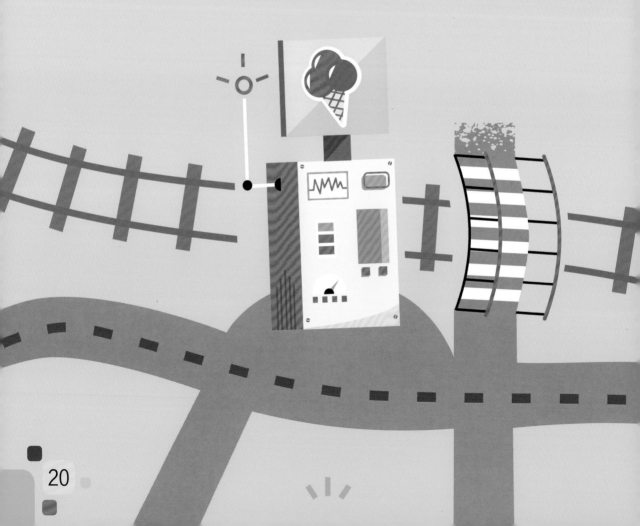

博尔特回到了前往水
花公园的路上！

博尔特总算来到水花公园了！
经过我们调试的算法很管用。

公园入口

他在水中飞快地旋转，制造出一朵巨大的浪花！

飞飞非常喜欢和博尔特在水里玩。

一旦找到合适的算法，并且捉出其中的"虫子"，
去水花公园就变得十分容易了。

算法就是帮助我们完成任务的简单指令。

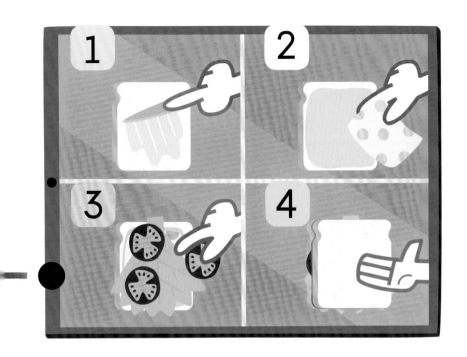

除此以外，你还能想出哪些我们每天都会用到的算法呢？

轮到你大显身手了！

设计一套你自己的算法。

你能帮飞飞找出从水花公园回家的

最短路线吗？

沿着图中白线，用手指画出从水花公园到飞飞家的路线。

当心，不要碰到沿途的障碍物哟！

请一边用手指指路，一边将你的指令按照顺序写下来。

飞飞家

词汇表

步骤：执行的指令，每个步骤中只执行一条。

虫子：程序指令中的问题或错误。

任务：需要完成的工作。

指令：指导我们该做什么的信息。

捉虫：发现并解决程序指令中的问题，即排错或调试。

写给家长或老师

编程的基本概念是儿童学习的重要一环。这些概念不仅是计算机科学的基础，也是其他重要技能（如解决问题的能力等）的基础。

算法就是为了完成特定任务并得到预期结果而编写的指令。因此，程序员会制定一套算法来告诉计算机，如何执行这一任务以便获得想要的结果。

通过本书，小读者可以学习如何制定自己的算法。我们通过一系列指令的概念，引导并解释了这一编程概念。

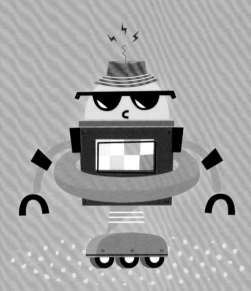

生活中还有哪些地方会用到算法呢？快来设计属于你的算法吧！

5岁开始的编程课

生日聚会要泡汤

［加拿大］凯特琳·西乌　　［巴西］马塞洛·鲍道里　著
［英］彼得·斯库尔丁　［英］埃玛·德班克斯　绘
雍寅　译

中信出版集团 | 北京

图书在版编目（CIP）数据

生日聚会要泡汤 / (加) 凯特琳·西乌, (巴西) 马
塞洛·鲍道里著 ; (英) 彼得·斯库尔丁, (英) 埃玛·
德班克斯绘 ; 雍寅译. -- 北京 : 中信出版社, 2022.7
　(5岁开始的编程课)
　ISBN 978-7-5217-4322-7

　Ⅰ.①生… Ⅱ.①凯… ②马… ③彼… ④埃… ⑤雍
… Ⅲ.①程序设计—儿童读物 Ⅳ.①TP311.1-49

中国版本图书馆CIP数据核字 (2022) 第068246号

First published in Great Britain in 2022 by Wayland
Copyright © Hodder and Stoughton, 2022 All rights reserved.
Editors: Elise Short and Grace Glendinning
Cover design: Peter Scoulding
Inside design: Emma DeBanks
Simplified Chinese translation copyright © 2022 by CITIC Press Corporation
All rights reserved.

本书仅限中国大陆地区发行销售

生日聚会要泡汤
（5 岁开始的编程课）

著　者：[加拿大] 凯特琳·西乌　[巴西] 马塞洛·鲍道里
绘　者：[英] 彼得·斯库尔丁　[英] 埃玛·德班克斯
译　者：雍寅
出版发行：中信出版集团股份有限公司
　　　　　（北京市朝阳区惠新东街甲 4 号富盛大厦 2 座　邮编　100029）
承 印 者：天津海顺印业包装有限公司

开　本：787mm×1092mm　1/16　　印　张：2　　字　数：30 千字
版　次：2022 年 7 月第 1 版　　　印　次：2022 年 7 月第 1 次印刷
京权图字：01-2021-6282
书　号：ISBN 978-7-5217-4322-7
定　价：99.00 元（全 6 册）

出版发行　中信出版集团股份有限公司

服务热线：400-600-8099　网上订购：zxcbs.tmall.com
官方微博：weibo.com/citicpub　官方微信：中信出版集团
官方网站：www.press.citic

出　品　中信儿童书店
图书策划　红披风
策划编辑　陈瑜
责任编辑　房阳
营销编辑　易晓倩　张旆旎　李鑫橦　高铭霞
装帧设计　李晓红

什么是**分支**？

让我们一起找出答案！

我们要帮助超级机器人皮皮为飞飞策划一场完美的生日聚会，
同时还要学习非常有趣的编程知识。
一起狂欢吧，超级程序员！

皮皮

飞飞

飞飞快过生日了，她都等不及了。

11 月 16 日，她就满 800 岁了！

（相当于我们人类 8 岁。）

我的生日！

皮皮是飞飞最好的朋友。
她打算为飞飞策划一场完美的生日聚会。

3

皮皮想为飞飞的生日聚会挑选一个最合适的地方。

有很多地方看起来都不错！

去旱冰场滑旱冰？

去电影院看场电影？

去恐龙博物馆参观？

皮皮仔细回想飞飞最喜欢做的事是什么。

她知道飞飞喜欢在户外玩耍，
她认为公园是最适合为飞飞举办生日聚会的地方。

皮皮开始安排生日当天的活动。
她决定准备几个飞飞最喜欢的活
动，比如踢足球、扔灌水气球和
跳舞。

扔灌水气球

踢足球

跳舞

另一位机器人朋友博尔特，正在帮皮皮写聚会的邀请函。

哎呀，糟糕！皮皮突然发现，下雨会让公园聚会泡汤。
她决定制订一个备选方案。皮皮需要动动脑筋，用计算
机的方式去思考。

计算机在其程序里一般都会提前设计备选方案。这样一来，
无论出现什么样的情况，计算机都能正常运行。

计算机根据正在发生或者已经发生的情况来做出选择。这
些情况就叫作条件。

于是，皮皮确定了一个备选方案，并将它写在邀请函上。

如果下雨，那么聚会地点将移至公园旁边的社区中心。

在计算机语言中，用程序编写备选方案就叫作建立分支结构。在日常生活中，我们总是利用条件分支来做出选择。和计算机一样，我们用的也是"如果……那么……（IF...THEN...）"这样的句子！

如果下雨，

那么就要打雨伞。

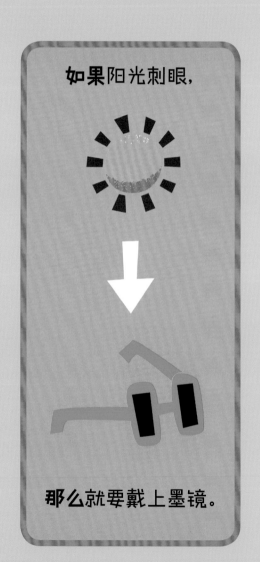

如果阳光刺眼，

那么就要戴上墨镜。

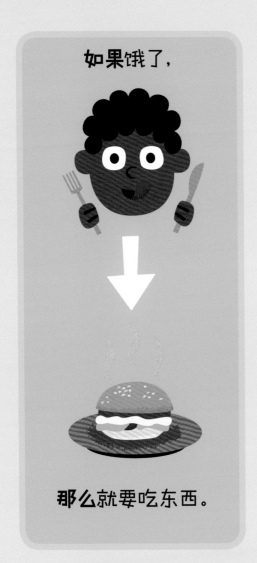

在这些例子中，"天气情况"和"感觉"都是条件。建立分支结构就是根据不同的条件来进行判断和选择。

皮皮已经选好了两个可能的聚会地点，接下来她要为飞飞制作一个超级棒的生日蛋糕。

皮皮认真阅读蛋糕的制作方法。

快看，她在上面发现了条件分支！

制作方法上写着：

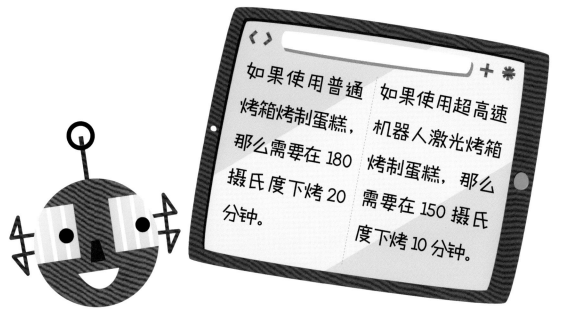

如果使用普通烤箱烤制蛋糕，那么需要在 180 摄氏度下烤 20 分钟。

如果使用超高速机器人激光烤箱烤制蛋糕，那么需要在 150 摄氏度下烤 10 分钟。

根据不同类型的烤箱给出不同的做法，这就是条件分支！

皮皮有一台超高速机器人激光烤箱，于是她将温度设定在 150 摄氏度来烤蛋糕。

趁着烤蛋糕的工夫，皮皮开始
准备聚会用的气球。

过了一阵儿，她闻到一股烤焦的味道。

皮皮取出烤焦的蛋糕。

她看了看计时器，发现自己
不小心把 10 分钟设定成了
100 分钟。

100:00

蛋糕烤得太久了！

在计算机编程中，我们把出现的错误叫作"虫子"。程序员排除错误或调试的过程就叫"捉虫"。

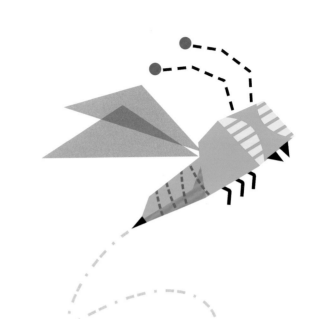

只不过程序员"捉虫"用的不是捕虫网，而是智慧！

皮皮有必要给她的烤蛋
糕程序捉捉虫，然后再
试一次。

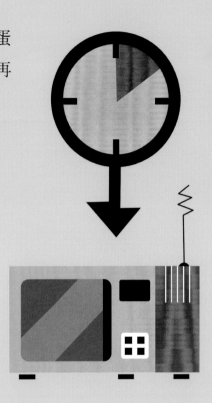

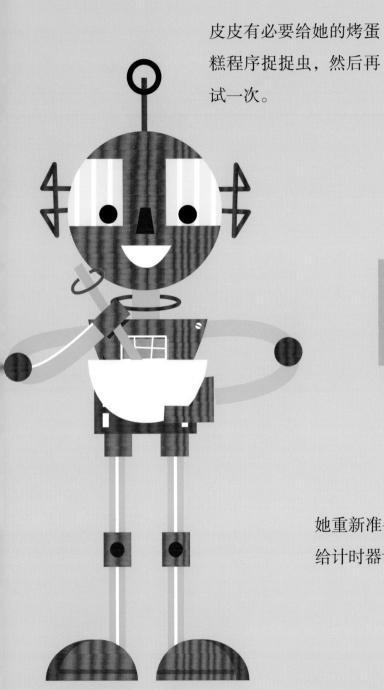

她重新准备了蛋糕液，这次她
给计时器设定了正确的时间。

丁零丁零丁零！！！

计时器响了。参照这个捉过虫的条件分支，皮皮做出了一个完美的蛋糕。

皮皮用飞飞最喜欢的颜色装饰蛋糕。想到要在明天的聚会上把蛋糕展示给大家看，她激动极了！

飞飞的生日聚会总算到来了。

这一天阳光明媚，聚会能在公园里举办了，皮皮很高兴。

飞飞和朋友们来到公园。

他们兴致勃勃地一起玩起了游戏。

23

条件分支能够根据正在发生的情况，帮助计算机
（当然还有我们！）做出最合适的选择。

是

狂欢
时刻

飞飞

生日聚会

是不是晴天？

否

建立分支结构可以帮助我们应对各种可能出现的情况。

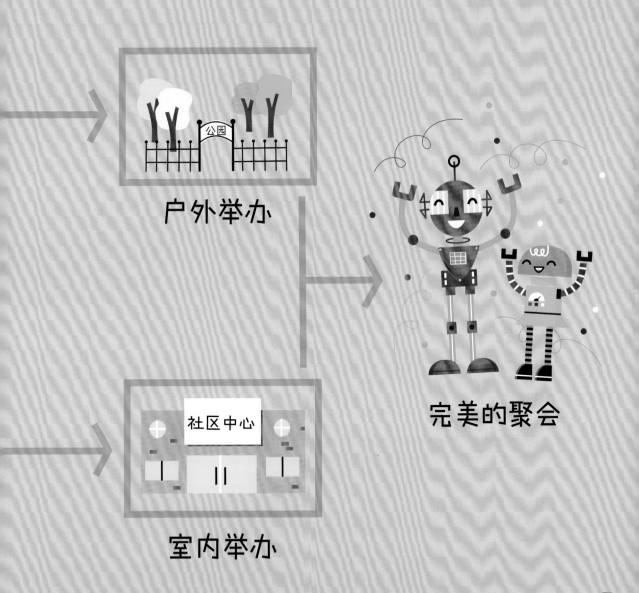

户外举办

室内举办

完美的聚会

轮到你大显身手了!
请用手指画线将右图中正确的条件分支连接起来。

 天气很冷

 你很开心

 你累了

 天气很热

 你很难过

 你充满活力

那么

微笑吧！

穿上 T 恤吧！

穿上外套吧！

到处跑跑吧！

哭出来吧！

睡觉吧！

词汇表

虫子：程序指令中的问题或错误。

建立分支结构：根据正在发生或者已经发生的情况做出选择。

如果……那么……（IF…THEN…）条件语句：

让计算机根据不同的条件执行相应步骤的程序指令。

条件：正在发生或者已经发生的情况，也可以是某人或者某物当

前的状态。

条件分支：让计算机根据不同的条件执行特定步骤的一种指令。

指令：指导我们该做什么的信息。

捉虫：发现并解决程序指令中的问题，即排错或调试。

写给家长和老师

编程的基本概念是儿童学习的重要一环。这些概念不仅是计算机科学的基础，也是其他重要技能（如解决问题的能力等）的基础。

建立分支结构是指根据当前的条件做出选择。条件分支是通过"如果……那么……（IF...THEN...）"语句来实现的。条件是计算机做出选择的依据。

在本书中，小读者可以学习条件分支的相关知识。我们以策划生日聚会时可能遇到的各种状况为例，解释了这一编程概念。

生活中还有哪些地方会用到分支呢？快来设计属于你的分支方案吧！

5岁开始的编程课

跑调的机器人乐队

［加拿大］凯特琳·西乌　　［巴西］马塞洛·鲍道里　著
［英］彼得·斯库尔丁　　［英］埃玛·德班克斯　绘
雍寅　译

中信出版集团 | 北京

图书在版编目（CIP）数据

跑调的机器人乐队 / (加) 凯特琳·西乌, (巴西)
马塞洛·鲍道里著 ; (英) 彼得·斯库尔丁, (英) 埃玛
·德班克斯绘 ; 雍寅译. -- 北京 : 中信出版社,
2022.7
（5岁开始的编程课）
ISBN 978-7-5217-4322-7

Ⅰ.①跑… Ⅱ.①凯… ②马… ③彼… ④埃… ⑤雍
… Ⅲ.①程序设计—儿童读物 Ⅳ.①TP311.1-49

中国版本图书馆CIP数据核字（2022）第068244号

First published in Great Britain in 2022 by Wayland
Copyright © Hodder and Stoughton, 2022 All rights reserved
Editors: Elise Short and Grace Glendinning
Cover design: Peter Scoulding
Inside design: Emma DeBanks
Simplified Chinese translation copyright © 2022 by CITIC Press Corporation
All rights reserved.

跑调的机器人乐队
（5岁开始的编程课）

著　者：［加拿大］凯特琳·西乌　［巴西］马塞洛·鲍道里
绘　者：［英］彼得·斯库尔丁　［英］埃玛·德班克斯
译　者：雍寅
出版发行：中信出版集团股份有限公司
　　　　　（北京市朝阳区惠新东街甲4号富盛大厦2座　邮编　100029）
承 印 者：天津海顺印业包装有限公司

开　本：787mm×1092mm　1/16　　印　张：2　　字　数：30千字
版　次：2022年7月第1版　　　　　印　次：2022年7月第1次印刷
京权图字：01-2021-6282
书　号：ISBN 978-7-5217-4322-7
定　价：99.00元（全6册）

出版发行　中信出版集团股份有限公司

服务热线：400-600-8099　网上订购：zxcbs.tmall.com
官方微博：weibo.com/citicpub　官方微信：中信出版集团
官方网站：www.press.citic

出　品　中信儿童书店
图书策划　红披风
策划编辑　陈瑜
责任编辑　房阳
营销编辑　易晓倩　张旖旎　李鑫橦　高铭霞
装帧设计　李晓红

什么是**分解**？

让我们一起找出答案！

是时候来一场摇滚大冒险了！让我们同卡卡和他的乐队一起，
一边玩音乐，一边学习非常有趣的编程知识。
摇滚吧，超级程序员！

卡卡是一个超级机器人，他酷爱听音乐。
他神奇的机器人大脑能记住所有歌的歌词！

卡卡

卡卡喜欢各种风格的音乐：
摇滚乐、古典乐、爵士乐……

卡卡打算和他的朋友壮壮、飞飞还有博尔特一起，
组建一支乐队，去机器人才艺秀上登台表演。
他想要在大家面前演奏自己最爱的电吉他，一分钟也不能等！

他打电话邀请朋友们加入他的乐队，
每个人演奏一种乐器。

壮壮，你来打鼓好吗？
飞飞，你的贝斯肯定弹得很棒！
博尔特，电子琴就靠你啦。

乐队成员们来到卡卡家进行第一次练习。
他们选了最受欢迎的摇滚乐曲，一切准备就绪。
他们已经等不及要登上才艺秀的舞台了！

壮壮轻敲鼓槌，倒数着拍子，
接着大家同时开始演奏。

1 2 3 4

哎呀，不行！
太难听了！

卡卡需要发挥他机器人的特长，用计算机的方式思考并解决乐队的大麻烦。

计算机会将复杂的问题拆解为一个个简单的步骤，直到自己有能力解决为止。

计算机、机器人还有我们人类在解决问题的时候，
会将复杂的任务拆解成简单的步骤，并且逐步进行处理，
这样的过程就叫作分解。

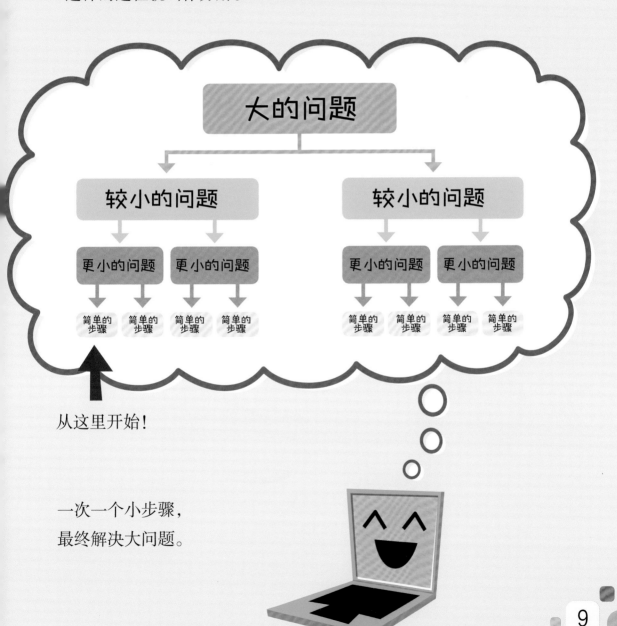

从这里开始！

一次一个小步骤，
最终解决大问题。

我们每天都在分解问题！

回想一下，在遇到问题的时候，我们是如何想办法解决它们的。

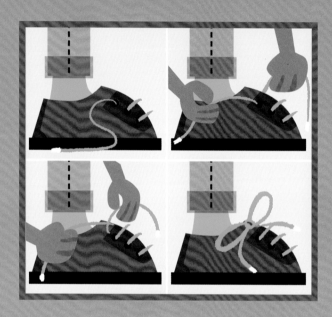

← 我的鞋带开了！

我饿了！→

我好
困哪!

我的房间
太乱了!

最近你还分解了哪些任务?
你是从哪一个简单步骤开始处理的呢?

卡卡和朋友们需要先解决他们的小问题，然后才能一起合奏，成为优秀的乐队。

每种乐器演奏的部分各不相同，
这些声音融合在一起才成了一首歌。

于是，卡卡决定为每个乐队成员打印各自的乐谱。
机器人非常擅长识谱，甚至用不着怎么练习！

卡卡、壮壮、飞飞和博尔特按照各自的乐谱开始演奏。

哎，停一停！
感觉还是怪怪的。

这歌听起来跑调了。

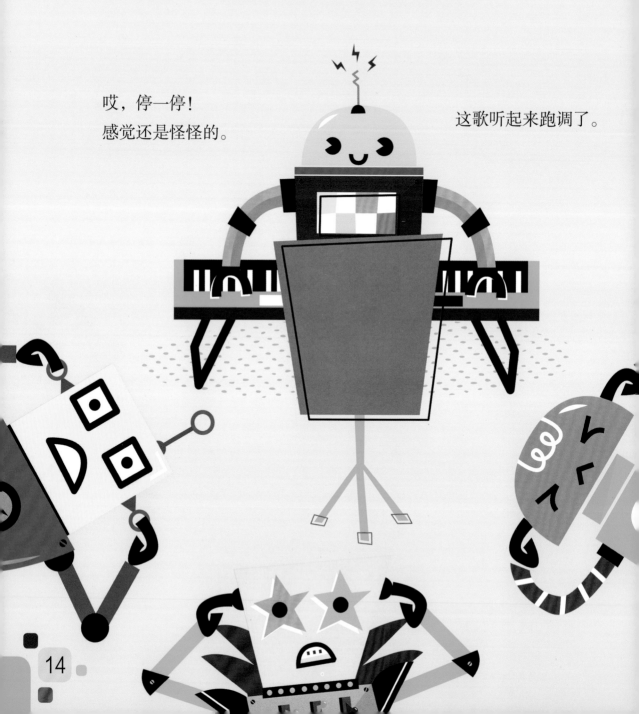

卡卡重新检查每个机器人的乐谱。

真是的!
博尔特的乐谱放颠倒了。

难怪他们的歌听起来不对劲。
只有所有人都准确无误地演奏,
这首歌才会好听。

我们把计算机出现的错误叫作"虫子"。

不，它可不是
嗡嗡叫的飞虫！

"虫子"是计算机程序中
需要被修复的问题。

练习演奏的时候很容易出现错误。

太慢了!

太快了!

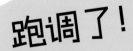

跑调了!

认真配合的乐队就像一个计算机程序一样。

程序员排除错误或调试的过程
就叫作"捉虫"。

卡卡知道如何捉出他们演奏中
的"虫子"！

他摆正了博尔特的乐谱，
他们又可以继续练习了。

乐队的练习又开始了，这次他们演奏得很棒！
通过将一首歌拆解成不同的乐器分部，
并且准确无误地进行演奏，
机器人们就能演奏出一首美妙的乐曲。

机器人才艺秀的日子终于到了。
卡卡、壮壮、博尔特和飞飞非常期待他们的演出。

他们配合得相当默契，
现场的机器人观众也因为他们精彩的表演而兴奋得手舞足蹈！

23

如果一个问题看起来过于复杂而难以解决，那么最好的办法就是将它拆解为简单的步骤。程序员经常利用分解的思想来简化棘手的问题。

下次你听歌的时候，不妨试着单独听一听当中每种乐器的演奏。

机器人嬉戏舞

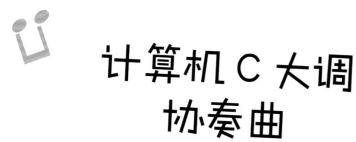

计算机C大调
协奏曲

或许你没有留意过，
你喜欢的歌曲是由多少种
不同乐器演奏出来的。

25

现在轮到你大显身手了！你能帮助卡卡解决他的
下一个难题吗？

卡卡想为乐队接下来的演出搭建一个属于自己的
漂亮舞台。快来帮卡卡分解一下他的问题！

下方是卡卡舞台布置的最终效果图。
每种设备他分别需要多少个呢？

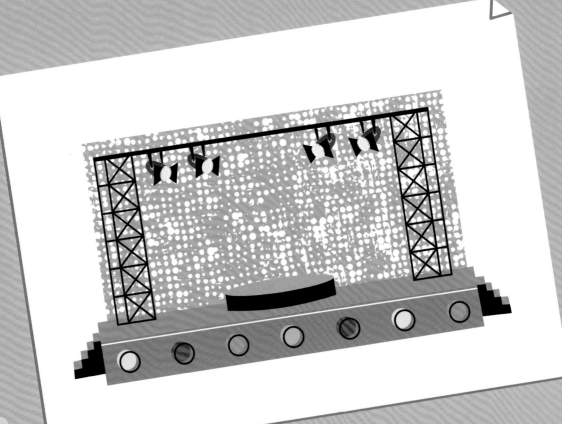

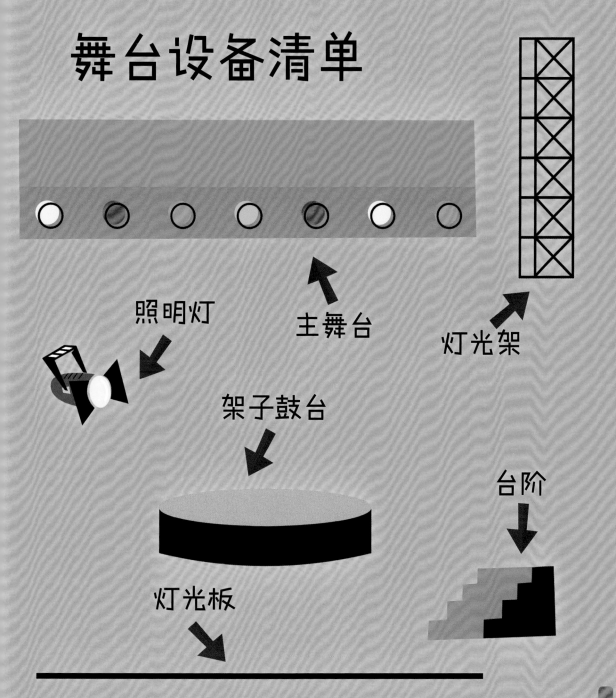

舞台设备清单

照明灯

主舞台

灯光架

架子鼓台

台阶

灯光板

词汇表

虫子：程序指令中的问题或错误。

分解：把事务或物品拆解成更小的部分。

计算机程序：控制计算机的一组程序指令。

解决方案：解决问题的方法。

任务：需要完成的工作。

指令：指导我们该做什么的信息。

捉虫：发现并解决程序指令中的问题，即排错或调试。

写给家长和老师

　　编程的基本概念是儿童学习的重要一环。这些概念不仅是计算机科学的基础，也是其他重要技能（如解决问题的能力等）的基础。

　　分解是指把复杂的问题拆解成简单的步骤。通过逐步地解决问题，复杂的问题就会变得容易处理。我们每天都会用到分解的思想来解决问题，如做家庭作业、课堂作业或者处理日常生活中的事务。

　　在本书中，小读者可以学习分解的相关知识。我们以乐队演奏复杂的摇滚歌曲为例，解释了这一编程概念。

想一想！

还有哪些地方会用到分解呢？快来解决生活中的难题吧！